少就是多
Less is more

[泰] 童格拉·奈娜 Tonkla Nainathe ◎著　璟玟◎译

重庆出版集团
重庆出版社

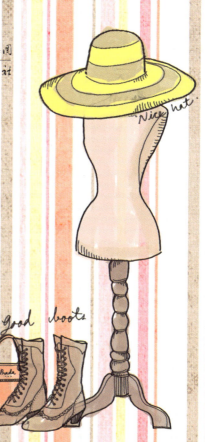

版贸核渝字（2013）第301号

Copyright © 2011 by Tonkla Nainathe

Original Thai edition published by name of Kaokradod Co.,Ltd. (Akara Publishing)
Simplified Chinese translation rights arranged with Chongqing Mind-Wings Cultural Media
Co., Ltd. through Little Rainbow Agency, Thailand.

本书译文由（中国台湾）绘虹企业股份有限公司授权重庆出版社（重庆心翼文化传播有限公司）在大陆地区出版发行简体字版本

图书在版编目(CIP)数据

少就是多 / (泰) 奈娜著 ; 璟玟译. —重庆 : 重庆出版社, 2014.8
ISBN 978-7-229-07878-2

Ⅰ.①少… Ⅱ.①奈… ②璟… Ⅲ.①人生哲学—通俗读物 Ⅳ.①B841-49

中国版本图书馆CIP数据核字(2014)第079249号

少就是多
SHAO JIUSHI DUO

[泰] 童格拉·奈娜 著 璟玟 译

出 版 人 : 罗小卫
责任编辑 : 刘 嘉 李 梅
责任校对 : 胡 琳
装帧设计 : 江岑子

重庆出版集团
重庆出版社 出版

重庆长江二路205号 邮政编码:400016 http://www.cqph.com
重庆出版集团印务有限公司印刷
重庆出版集团图书发行有限公司发行
E-MAIL:fxchu@cqph.com 邮购电话:023-68809452

重庆出版社天猫旗舰店
cqcbs.tmall.com
全国新华书店经销

开本:880mm ×1230mm 1/32 印张:5 字数:80千
2014年8月第1版 2014年8月第1次印刷
ISBN 978-7-229-07878-2
定价:29.80元

如有印装质量问题,请向本集团图书发行有限公司调换:023-68706683

编者的话

活着，
一点都不难，
但难免遇到许多困难。

或许，许多关卡不容易克服，
但是朋友，试着向前。
勇敢跨出去，就能突破困境。

常常有人不晓得自己的幸福在哪里，
问问自己的心吧！
其实，你一直知道在哪里。

每一天，都往好的方面想，
只要微笑，
拥有幸福，就是这么简单。

主编
邓达 当初翁
Tongta Tangchuwong
tongtacenter@hotmail.com

Work.

Travel.
.m.

Home

Löve.

Sex.

作者的话

有时候，
我们在寻找的东西，
就在我们的身边，
只要勇敢伸出手。

不用跑得那么累，
也不需要用尽力气去寻找。

一路走来的人生经历，
会留驻在我们心中，
没有什么困难是克服不了的！

用适当的步伐踏出人生的下一步吧！
就活得刚刚好，
也做得刚刚好。

试试看！
一定会带来更好的结果！

童格拉·奈娜
tonkla@nesslers.net

Contents / 目 录

为自己找出空闲时间!

日复一日的忙碌,我们将自己搞得晕头转向,
也让我们迷失了自己的心灵。

若是你有这样的感觉,
那么,你需要开始帮自己找出空闲的时间来。

加油!去寻找自己未曾发掘的那一面吧!

少就是多

也许你会问：
"为什么我们必须这样做？"

不，并不是"必须"，
而是因为"时候到了"。

毕竟，我们不是为了工作而来到这个世界，
也不是为了完成别人的梦想而来，
而是为了我们自己。

如果，我们不试着开始为自己做些什么，
那么，活着的意义究竟在哪里呢？

Less is more

就是要为你自己
找出空闲的时间！

先想想你至今所经历的事情，
回忆那些失败的痛苦、因成功而来的喜悦，
思考一下，你到底学习到什么，
有什么问题需要改善……
让自己从中获得成长吧！

接着，
检视你目前所在的位置，
再问问自己——距离梦想还有多远？
已经努力了多久？
现实与梦想还有多少差距？
对现在的自己满意吗？

最后，
思考一下自己的未来。
问问自己："你到底要什么？"

确定答案之后，
再看看自己的方向是否正确，
是否来得及修正。

有时候，
梦想、幸福或想要的东西
其实就在你身旁，
只因为你不曾认真去寻找罢了。

Less is more

甚至，有时我们会因为一些小事
感到疲惫与迷惘，
那是因为我们没有时间倾听内心的声音，
想想自己究竟需要什么。
反而把自己困在一些例行事物上，
或是别人的期望之下，
日复一日，走到累了、倦了，
却终究不曾为自己做些什么。

所以，
为自己找出空闲的时间吧！
并且，问问你的心：
未来要朝什么方向前进？
生活的目标是什么？

然后深呼吸一下，
再问自己一次！

少就是多

Chapter

2

你留给彼此的时间
是不是变少了?

我们给彼此的时间都太少了,
却都希望对方能多花时间陪伴我们。

那么,
我们就应该多花些时间陪陪自己所爱的人,
相信他们也是这样期待着哦!

有时候要停下来想一想
我们留给对方的时间是不是变少了？

早上一醒来，
我们就开始急急忙忙的，
盥洗、整装、看报纸、玩手机……
连早餐都是随便吃吃就出门去。

一路上都在塞车，
不论是搭公车、坐计程车或是自己开车，
有人甚至一边开车一边用蓝牙耳机聊电话，
就像是一个自言自语的疯子。

最后，还可能因为这样那样的原因，
导致自己必须匆忙地跑进会议室准备资料，
生怕时间会来不及。

就这样，日复一日，
我们却越来越少花时间陪伴所爱的人。

少就是多

你是否工作的时间越来越多，
工作效率却反而下降了？

你坐在电脑桌前，努力让自己专心工作，
脑袋里却总是想到其他事情……
日子一久，和亲友关系疏远了，
没人跟你聊心事，
即使同住在一个屋檐下，却是各过各的。

但你依旧每天加班，或者开会到很晚才结束。
下班后，
还去和同事聚餐，或是交际应酬，
虽然连自己都答不出来，
为什么连下班后都要这么忙碌，
但还是一被邀约就去了！

Less is More

回过头想一想，
我们留给父母的时间是不是变少了？

深夜回到家，
你没有时间为房间的盆栽浇水，或自己洗车，
也没有时间和父母亲吃晚餐，
很久没有对他们聊聊今天发生的事；
更很久没有把头放在他们的大腿上撒娇了……

你觉得自己已经长大了，
已经不需要他们当你的人生顾问，
甚至已经忘记和家人一起吃饭的时候，
爸妈夹给你的菜有多美味。

此外，你也别忘了，
家里的小宝贝
需要你当他未来的好榜样哦！

孩子想要的不是零食，
或坐在电视机前，
而是希望你带他出去走走、去看看世界的美好。

他很可能希望你讲故事给他听，
也希望对你说今天发生的事情，
也许还希望跟你分享心中的小秘密，
或是，
希望你称赞他的声音有多么动听……
他有很多很多美好的事想跟你共享。

若前面的状况，答案是ＹＥＳ！
不用怀疑，
你留给对方的时间真的太少了。

无论是给恋人的时间、给家庭的时间，
还是给渐渐年迈的双亲的时间，
或者给将在成年后
变为"忙碌大人"的孩子的时间……

而且，
那些超时加班、忙碌生活、
为金钱奋斗的时间，
如果要用你的人生去交换，
该是多么的不值得啊！

真的，你该好好面对这样的情况了！

少就是多

请谨记：
不仅要了解自己真正的需求，
面对所爱的人，
更要适时地给予爱与温暖。

因为，
亲朋好友的温暖，远比权力、金钱和地位，
更有着无与伦比的超凡价值。

Less is more

Chapter

3

勇于改变，梦想将不只是梦想

只要活着就会有梦想与希望，
但是，我们如果不时常亲近、看顾它们，
也许在不知不觉中，
就会将希望与梦想遗忘了。
若是你的人生总是紧张、繁忙，
让你忘了用温柔的眼神，
来观察人生的美好，
也许有一天，
你的生活就只能屈服于现实，
除了匆忙、奋斗和咬紧牙关之外
再也容不下其他事物。

如果你勇于改变，梦想将不只是梦想

每个人都有各自的希望、梦想和目标，
而每一个人都想要达到目标，
也许有些人成功，有些人失败；
有些人清楚想走的人生方向，
有些人却连梦想的方向，都不知道在哪里。
也许你是过一天算一天的，
每天醒来以后，就尽力把分内的事做到最好，
但是，却从来都没有检视过自己
真正想要的是什么，
从没问过自己，每天在做的事情是否是必要的，
也不知道，这样的方式
对未来的生活是否有帮助。

改变自己，梦想将会实现

每个人都希望给自己的梦想一个生命，
如果梦想能有生命，
人生一定会很幸福、满足且充满活力。

想要迈向富有能量的梦想之路，
那就不单单是只埋首冲向目标，
而是踏出的每一步都要目标明确清楚，
步伐要坚定，不要轻易动摇，
并且必须时时保持坚持与热忱。

来让你的梦想拥有生命吧！

一开始其实很容易，
就从整理自己的思绪和改变态度开始，
无论是否要调整或改变，
第一步必须要做的是"先整顿你的思想"，
也就是要清除掉老旧的思想，
抛开那些无法让你梦想成真的包袱。
重新探索自己，要先清楚地知道，
你想要达到的目标，
究竟是什么。

少就是多

一起来实现梦想吧!

当你知道你的人生想要什么了，
那就开始改变吧！
请记住，
无论是想，或止打算去做的任何事情，
只要未动手，
那想法终究只是想法。
要使各种想法变成真实的、可触碰的，
是必须要经过"动手"去做，
而且，
是需要用尽全力、毫不退缩地去做，
就算跌倒也要无所畏惧，
再站起来！

勇于尝试新的事物
开启新的人生

希望梦想成真的人，
必须要有勇气去做改变，
以及敢去尝试新鲜事物，
并且思想要跳脱局限，
敢走别人不敢走的路线。

如果没有改变,
铁定还是停留在原地

改变是必然的，
就像我们的地球不断在转动，
如果你还不敢改变，
那么表示你还没准备好要成长、进步与向前。

少就是多

也许你会遇到困难，
也许你会遇到巨大的障碍，
但是请你相信当你有了想改变的勇气，
机会永远存在。

抛开复杂与烦乱的人生，
抛开让你没有时间喘口气的紧绷压力，
然后找出更简单、容易的选择吧！

Less is More

4

抛开那些束缚吧！
生活会轻松点

别把人生过得那么困难
人生其实很简单！

就像是你穿过一次的牛仔裤，
才穿一次就要洗？！
其实不用这样，
可以穿三四次之后，或穿满七次再洗也可以；
或是曾经两天洗一次衣服，
也可以改成一周一次就够了，
这样既节省水电，也节省时间！

Small wallet.

Antique hut

轻松点!
人生其实很简单

就算每个月买两次衣服，
但是穿在你身上的，一天也就那么一两件，
衣橱里满满的都是没有穿过的衣服，
有些还被挂在衣橱里数年，
因为没有时间、没有机会，
所以，才会没有穿。
那不如捐给需要的人吧！
其实有许多人是没有衣服可换的，
然后改掉爱花钱的习惯，从现在开始买少一点，
如果要买，也只选择真的适合自己的衣服，
确定是真的有这个需要才买，
然后要买之前问自己，
是不是有其他衣服可以取代，
如果有可以代替的，
那就没有必要花钱买新的。
没有必要非跟上时尚不可，
越想跟着时尚跑，时尚就越跑着让你追，
而最累的人，就是一直跟着跑的人。

少就是多

减少欲望以及不必要的需求
人生其实可以很轻松！

不要再收集不必要的东西，
东西会越多越杂乱碍眼，要移动的时候也麻烦。
就像有些鞋子买回来很久了，几乎没有穿过，
记得当时要买的时候非要不可，
觉得实在是太适合自己的脚。
但是买回来之后又很少拿出来穿，
因为鞋子太多，不知道要先穿哪一双比较好。
如果你是有这种状况的话，就要赶快处理一下，
因为让它继续跟着你也没有用处，
所以就送给其他用得到的人吧！
让它有机会发挥被赋予的任务。
好比手表、戒指、汽车、
提包、背包、牛仔裤或其他任何物品，
如果数量多过需求，
那就想办法减少拥有的欲望吧！
将多余的东西都分送给别人吧！
这样房间才不会乱，
家里也才不会到处都是没有在用的东西。

good boots

无论结果如何,
其实, 都是自己的选择!

工作到很晚后，又去聚餐到半夜一两点，
回家洗澡睡觉不到五个小时，
又要起床洗澡准备上班了；
早餐吃两口，再喝一杯咖啡，
又要赶出门去过忙碌的日子了。
这样过日子会不会太辛苦了？
而又是谁让它变成这样的呢？
其实，不就是你自己吗？
别忘了这是你的人生！

从头到尾都是自己选择的，
选择靠左边走，选择靠右边走；
选择抄近路，选择绕远路；
选择多说话，选择只说重点；
选择吃很饱，选择吃很少；
选择早点睡觉，选择晚点睡觉；
选择参加社交活动，选择和家人相处，
全部都是你自己给予重量和选择，
不要找借口说是不得已，
或者说是必须做出选择，
因为你所谓的必须，
也是从你自己所设立的条件中选择出来的。

少就是多

Nice bag

也许你会选择拥有一间大房子，
所以就要付多一点房贷；
选择想要大一点的新车，
看起来很炫，
所以就要付多一点车贷。
看到想要的东西就放任自己，
选择使用信用卡购物，
这样每个月要分期付的金额就会多一些，
搞到最后没有存款，
支出金额又多得不像话，
没有机会花钱去旅游，
或为其他目的而花费。
每个月的生活都是压力，
在公司上班上很晚还不够，
还要把工作带回家做，
假日不像假日，还必须兼职赚钱，
来弥补自己制造出来的债务。

Good shoes.

Sun glass

试问你需要这么大的房子吗？
不——你的需求是你自己制造的，
事实上你睡觉的地方才一点点，
就算睡觉会翻身，
再怎么翻都不会超过三平方公尺。

试问你需要这么大的高价车吗？
不——你的需求是你自己制造的，
事实上车况很好的二手车也行，
价格降了很多，也不需要多大的车子，
只要冷气好一点，状况好不常故障，
而且可以带你到达目的地就可以了。

试问你明明还有存款，
那么还需要预支未来的金钱吗？

不——现在没预算就不要买，如此而已。
不要赚多少就用多少，
储存一点紧急备用金，
生活也可以过得很快乐。
你为自己制造过多需求成了习惯，
而来不及付款的时候，利息就越积越多，
也没人帮助你分担，
而是要自己独自负责的不是吗？

Bag

少就是多

轻松、无负担的生活，
其实就是那么简单！

不要再制造过多的需求了，
即使认为现在非常需要，
那也只是因为名为欲望的"器官"，
不断地分泌出欲望这种液体，
去刺激你的需求，
而需求则去刺激你的双手掏出钱包，
去买本来就有的东西，
只是颜色不一样，设计不一样，
其实当你非常想要一样东西时，
就应该要为自己建立一个"再等一下"的规则。

比较大件的物品就再等一年，
如果这一年内还是想要新车，
也看到自己真的有此需要和必要性再买。
但如果一年的时间过了，
发现其实旧车不常出问题也不常坏，
冷气也还正常，其实也不用买新的，
如此一来也不用花钱买新车付车贷了，
不是吗？

价格中上的物品就等一个月后再看看，
例如想买一台电视机放在卧房里看到睡着，
其实客厅的电视也可以看，
但就只是想要一台新的，想过更方便的生活，
那就再等一个月，
也许会发现其实也没那么需要，
等越久想要的欲望就会越减退，
会发现其实也没那么需要，
既然没那么需要，那就不必制造负担，
其实新物品也只会让你的房间更乱罢了。

Small wallet

小物品就等一个星期看看，如果还想要再说。
如果想要一个高档的皮制背包，
想了很久在店门口走来走去，
口水流得满面，那就先等一个礼拜再决定吧！
最后你会发现根本就没有那么迫切的需求，
原有的好几个包包状况都还很好，
每天在背的包包也都还很好看很好用，
再买的话房间又更乱了，
而且又浪费钱，如果做好决定就别买了，
把钱收起来，保证不会发霉坏掉的！

少就是多

别把人生过得那么困难
人生其实很简单！

看吧！
其实你根本就不需要这些多余的东西，
不需要给自己制造沉重的负担与麻烦，
而你口中所说的大量需求，
还不是你自己打结来让自己解开！

别让生活有太多多余的东西，
别收集太多对人生不重要的东西，
因为这会让你的人生增加重量，
负荷太重而难以跨步，缺乏利落感。
就让人生轻快一些，简单一些，
这样你的人生就会很简单。

Less is more

Chapter

5

减少工作时间，增加工作效率

有时候我们花很多时间工作，
一整天埋首投入该做的事情里，
但成果却只有一点点，
现在开始，
别再浪费精神和时间在没意义的事情上。
把时间的价值发挥到最大，
并且留一点闲暇时间给自己，
这是为了好好坐下来看星星、欣赏大自然、
看夕阳或晒晒早晨的太阳。

少就是多

BRIGHTER DAY

Sunshine day.

时间，不是让你全部都拿来工作的！

减少工作时间，
但是要增加工作效率，
别浪费时间在没有意义的事情上，
或去做些你还不知道状况或没有资料的事，
因为那会让你的效率变慢。
当你开始动手时，必须按部就班地，
你必须要知道你的目标是什么，
要使用的方法是什么，
而所需要的时间有多少。
你也许可以提前开始工作，增加专心度，
并在比原来更少的时间内，
发挥更高的工作效率。
而多出来的时间，就用来犒赏自己，
去做些让自己快乐的事情，
不用一整天都沉陷在工作中。

少就是多

如果你保持专心和理性，
那么就不需要花相同的时间，
在同样的工作上，
因为你已经从中学习获得经验，
因此必须要有更好的表现，
知道要怎么做才会更快，
怎么做才会更容易，
这样你的效率就会提高，
而且花的时间更少了。

Less is more

时间很宝贵，
一天只有二十四小时！

有些人一天花八个小时在聊天，
而且聊得比工作还更认真，
因此他那八个小时的工作效率才会不好，
但若你不聊天、不玩闹，全心全力把工作做好。
你所获得的除了好的工作成果外，
还会减少工作时间。

减少所用的时间，
因为你一天只有二十四个小时，
增加工作效率，减少工作时间，
你才会有多出来的时间，
去做其他事情，去重视其他事情。
别忘记你除了要减少拥有、
降低使用那些超过需求的东西外，
你还要减少工作时间，
才能让生活变得简单不复杂。

时间应该这样用！

东西吃得少一点，咀嚼久一点，
才能充分去感受食物的美味。
有些事情要慢慢做，
减少一些不必要的事情，
才能细心品味其中的美味与价值。

没必要留心媒体与广告的诱惑，
请记住你没有知道所有事情的必要，
没有必要了解所有事情的来龙去脉，
尤其是跟自身无关的事情，
没有必要把那些事情填塞在脑中，
这样只会扰乱你清静的心。
多一点睡眠，多一点休息，
多一点时间与家人说话，
让家庭更加温暖，
减少花在没意义事情上的时间，
增加时间去做对人生
有正面影响的美丽事件。

Less is more

改善周遭的环境
使它更美丽

放松生活，然后认识真实的自己

想为自己居家环境制造良好的气氛，
其实，不必去买昂贵的新家具，
不用去找昂贵的名画挂在家里，
只要重视身边的小细节，
以自己喜欢的创意方式做调整。
为餐桌换新的桌布，重新布置房间，
改变家具的位置，
放盆栽，种树，为房子上新漆，
让身边的环境焕然一新就可以了。
这是为了好好坐下来看星星、欣赏大自然、
看夕阳或晒晒早晨的太阳。

少就是多

生活，其实充满乐趣！

亲自动手做一些小东西，
或是自己画图放进相框中欣赏，
也可以亲自制作朋友的生日贺卡，
既不用花钱买，还富含心意与收藏价值。
亲自做些手工的东西，无论是缝纫、编织，
或者是木工、水泥工和上油漆等等，
除了可以节省费用，
还可以发挥内在创造的力量，
非常值得尝试。

这样也可以好好认识自己！

离开令人思绪杂乱的嘈杂环境，
无论是人们大声说话的声音、
吹风机的声音、冷气声、
收音机的声音、歌声、音乐声，
然后静静独处，
让一切静止、闭上眼、深深地吸气、
回想生活或者静静地什么都不要想也可以，
这也是一种休息、认识自己的好方法。

少就是多

放慢脚步，体验人生

抛开匆忙、爱热闹的习惯，
然后试着让一切缓速下来，
不然你会失去生为人应有的细腻感。
试着一次只做一件事，不要一次做很多事情，
才能给予每一件事充分的时间。

可以试着比较看看，
当你必须要赶快吃饭、
时时刻刻不停地做这个做那个的时候，
吃饭就变成了任务。
而当你慢慢地吃饭，
不用在吃饭的时候同时做其他事时，
你会感觉到食物比较美味，
感觉到食物的丰富，
而且不只是让你填饱肚子，
它同时还会非常神奇地填饱你的灵魂。

Less is more

减少了需求 负担也减轻了

也许你会以为你的人生有很多需求，
也许你曾经问过自己：
"想当什么样的人，有哪些想做的事情？"
于是就出现了非常多的答案，
想再多学一点英文、想学瑜伽、
想要每天傍晚慢跑、想写作、
想看很多书、想减肥、想认识新朋友、
想学做日本菜、想出国念书、
想学会作曲、想一个人旅行、
想再学一点电脑绘画等等。
请你再试着检视自己，
你的需求是不是太多了？

少就是多

你相信吗，如果你需要做的事情越多，
能做的时间越少的话，
你不去开始动手的机会就越大。
再次检视一下你要做的事情，
先把比较没那么想做的事情删除，
依序删减到只剩下真的想做的事情，
被删除的项目或许不多，
但至少你会知道你最想做的是什么。
什么事情是无法在第一时间删除的，
就先动手去实现，
请记住当你开始做任何事情时，
必须全力以赴且尽力去完成，
努力到最后你才能把它做到最好。
当你减少了需求，负担也减轻了，
那时，你会发现
要开始动手做想做的事情一点都不难。

Less is more

这个世界是让你欣赏用的

当你感觉到担心、害怕、悲伤、难过的时候，
你就会觉得生活的一切都好沉重，
无论面向何方，无论开始想做什么事情，
你会觉得一切都好困难，
于是你就迟迟不会去动手。
想要把生活放轻松，
就是要找出让你感觉到不安的真正原因，
然后保持理性地去处理它。
要记住如果有什么事情可以放得开，
就应该放开，
这个世界是让你欣赏用的，
不是要让你承担痛苦用的，
所有事情都需要按部就班解决，
而且所有问题都会有它解决的方法。

少就是多

分享与互助，让生活更轻松

你不需要时时背负着沉重压力，
当你觉得生活太沉重了，
而且无法自己处理全部事情的时候，
就试着向别人寻求帮忙吧！
你要敢问，而且不要怕会被拒绝，
虽然说学会靠自己是最好的方法，
但有时候你也需要依靠别人，
因为没有人会厉害到能把所有事情都做得很好。
上帝让每个人都有独特的优点，
你做得很好的事，别人未必能做；
别人做得很好的事，也许你根本不会做。
所以你要学会寻求别人的帮忙，
而且也要打开心用你擅长的方法去帮助别人。
分享与互助，会让你的生活变得更轻松更容易一些。

用心体会每一天

要学会回想每一天发生的事情，
当你回头看已经发生过的事，
然后用心体会，
你会从回想中得到启发，
因为这些都是帮助你改善未来的经验。
无论人生是好是坏都不要太紧张或担心，
若是好的，会让你开心和微笑；
若是坏的，也会让你得到新的经验，
找出方法改善以求做得更好。
所有事情都会是你的下一个步伐的垫脚石。

少就是多

让生活轻松一些，
不要背负着沉重又不必要的负担。
你要认识自己，
让所有一切都配合得恰当，
这样生活就会变得更简单。

Less is More

Chapter

7

抛开对人生不重要的东西

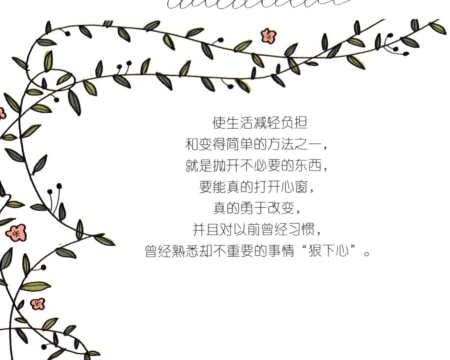

使生活减轻负担
和变得简单的方法之一，
就是抛开不必要的东西，
要能真的打开心窗，
真的勇于改变，
并且对以前曾经习惯，
曾经熟悉却不重要的事情"狠下心"。

少就是多

温习有意义的事，
抛开不重要的事

找出究竟什么才是对你的人生有意义的事，
当那些有意义的重要事情越是清晰，
无意义或可以抛开的事情，
也会渐渐分离出来。
像考试的时候，
当你要找出选择题的正确答案时，
必须要先分析每一个选项ＡＢＣＤ，
而选择正确答案的方法，
就是把错误的答案删除掉。
不重要的事情，重要性比较小的事情，
不值得花时间在上面的事情，
就要慢慢删除掉，
这样才能让你的生活变轻松，
不用花太多力气，
只要你慢慢淘汰掉旧的想法，
以及将不重要、杂七杂八的事全部都抛开，
这样就轻松多了。

Less is More

这个重要？
还是那个重要？

收到很多信件，
有些是重要信件，
有些只是商品广告信件，
而有些是垃圾信件，
你不必重视每一封信件，
只要针对重要的信件就好，
而那些不重要的就送进垃圾桶里吧！

有很多电视节目可以看，
有些节目只是暂时性的娱乐，
但对你的人生没有营养，
只会浪费你的时间，
你有权力选择要不要看，
或者选择关电视让大脑休息，
而且还可以省电。

少就是多

选择权，
其实都掌握在自己手上

有时候朋友找你，
只会聊与你无关的其他人的事情，
有些是无关紧要的话题，
有些是可听可不听的话题，
那你要把一天所剩不多的时间，参与这些话题，
还是把时间用来读一本书，
或者好好地休息睡觉？
要选择去做什么完全是你的权力，
但别忘了你正在温习对生命有意义的事情，
有意义的事你不该停止下来，
而没有必要的事情就抛开它吧！

Less is More

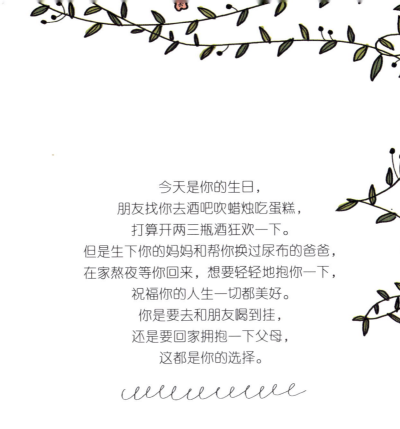

今天是你的生日，
朋友找你去酒吧吹蜡烛吃蛋糕，
打算开两三瓶酒狂欢一下。
但是生下你的妈妈和帮你换过尿布的爸爸，
在家熬夜等你回来，想要轻轻地抱你一下，
祝福你的人生一切都美好。
你是要去和朋友喝到挂，
还是要回家拥抱一下父母，
这都是你的选择。

一群朋友找你一起到偏远地区当义工，
去为比自己少了很多机会的人们付出劳力；
而另一群朋友找你去喝酒泡吧，
以放松为借口用空闲时间谈天说地。
你生来就是自己人生的主人，
没有人可以帮你选择你有空的时候要去哪里，
做什么事，
只有你自己才有权力选择自己要走的道路。

少就是多

想一想，再做决定

生命中有些事情是可以改变的，
有些是不能改变的；
而有些事情只有一次机会，
有些事情还会有下一次机会，
这一切就只有生命的主人能自己做选择，
就算总是有其他人说这条路很好，
或是那条路不好走，
但是你心里永远有个最大的声音，
基本上每个人都会相信自己的声音，
所以要小心自己的想法。
因为这个世界上有很多诱人的东西，
当你的感性超越了理性，
也许你会输了自己。

简单的生活

你是否太依赖现代科技的便利?
越来越多的高科技,
是否让你变成一无是处?
不是要你背离科技,
然后走进森林里,
而是简简单单地生活,
就是快乐地融入现在的社会中,
但也别忘了根本,
要好好照顾自己,
做一些对自己有意义的事。

少就是多

抛开不重要琐事，
生活其实很轻松

不需要严格按照时间表去做事，
出门前再看一次你的时间表，
什么事是不做也不会出现不好的结果的，
那就不必做，
无论是取消午餐饭局、
取消晚上的派对出席、
去做新发型（而明明现在的发型还是很好看）、
不重要的会议，
或者是别人可以代替做的事情，
但你不放心还是必须自己动手比较好等等。
如果你敢把不重要或不必要的事情删除，
也许你会发现今天特别轻松。

Less is More

只要你敢抛开一些不重要的东西，
与生命中有意义的东西相处，
生活就会简单多了。

少就是多

Chapter 8

不需要豪华绚丽，也可以很动人美丽

平凡的美丽

房子不用大，
只要家人相亲相爱有时间给彼此，
有绿油油的树让人感觉清爽，
这样的房子一样温暖让人想居住。
大房子会比较寂寞，
因为家人之间很少见面，
房子大但没有笑容，
这样的大就不具意义。
家具不需豪华，只有草席也行，
只要家人能够在一起交谈、
交换笑容与笑声，
这就会是最有纪念意义的家具。

简单就是幸福　朴实就是美丽

车子不用大，品牌不需高档，
或者没有也可以，
搭公车、火车，骑自行车也行，
只要你在过程中开开心心，
最后一样都会到达目的地。
有了高档轿车尾随而来的是许多支出，
无论是汽油钱、机油钱、润滑油钱、洗车钱、
车内保养费与车贷。
需要用多少，就去拥有多少，
拥有超过需求的东西，
只会成为你的负担。

朋友不需要多，
不用一定要体面、有钱、长得美或是很有能力，
朋友就是朋友，
是会在你寂寞或快乐的日子里陪伴你，
不一定要富有、漂亮，
或高高在上的特别朋友。
朋友就是你们相处的时候感觉舒服的人，
这样你的人生就很棒了。

少就是多

只要让你觉得自在、舒服就可以了！

不用上明星学校、
国际大学或是很贵的私立学校，
只要是能提供知识学习的普通学校，
把你教育成有良知的好人，
只要有爱学生、为学生付出知识
和带领学生前往道德之路的老师。
不用念到名校的硕士博士毕业，
冠上一堆看不完的头衔，
只要你每次走进校园，
都能像回家一样温暖有安全感就可以了。

衣服不在于要多贵、名牌或名模指定的牌子，
只要是适合你的衣服，
穿起来舒服、不会太紧或太松、
穿出自己、感觉舒适与有信心这样就可以了，
不需要太多的款式颜色，挤满衣橱。
只要够穿，
数量不用多到穿不完让房间很乱，
其实数量少、简单但漂亮，这样就可以了。

别人有最新款的数码相机，
你不跟着买最新流行的牌子与款型。
其实你只要买你会用到的，
不用每一款都要追随，
因为若要追着它们跑，
怎么追都不会跟得上，
只要你懂得爱惜自己所拥有的，
好好地保护它们，
让它们的使用寿命越久越好，
这样就可以了。

少就是多

知足的快乐，平凡的美丽

这个世界的一切，
只要你以普通、知足、宁静、平凡、安静的心去看待，
就会显得很美丽！
不用抱持着过高的期待，
因为就算你到达了期待的终点后，
如果你不懂得知足，心灵依旧不会宁静。
所谓平凡的美丽，就存在于你的行为之中，
无论是想法、说法、做法、
处理身边一切事物的方法，
请记住知足才有快乐。

拥有自己风格的美丽与平凡，
不用一直追随别人，
不用装扮成别人的样子，
不用假装或模仿别人，
不用怕会不会落伍或落后，
只要你有坚定的意志，
就没有人能为你定义你的排名。

只要你认识自己的心，
懂得知足，生活就简单许多。
更重要的是，你不用将自己去和别人比，
不用听别人的声音听到失去自己，
而且不要让其他人的眼光成为你自己的压力。

Less is more

Chapter

⑨

从不必要的压力下挣脱吧!

选择平凡过生活的人,
清楚这就是自己要的生活方式,
因此他不会觉得难过,
也不愿成为别人期待的模样,
所以,
有时候听一下别人的声音,
但他绝不会因为别人的评价
而感到压迫。

别人打鼓时，
我们不一定要随之起舞

你身边的人也许总是在制定许多的条件，
就像你正在订立和选择——
自己朴实风格的生活。
对方也许有他自己的想法，
但是你也可以用自己的眼光看整个世界啊！
重点在于你准备好要和他走得一样、
想得一样与做得一样吗？
如果不是，你没有必要活在别人的压力下，
快乐地站在自己的立场上吧！

这样的简单生活，就很足够了

有些人也许会以大房子、名贵轿车、名牌衣物，
这些覆盖在外表上的条件去评价一个人。
当你有一个可以居住的小房子，
能够自己轻松照顾的房子；
不用有高档的轿车，
只需要一台可以载着你到处跑的小车；
普通的穿着打扮，
不需要每天都穿不一样的衣服——
只要你自己满意就行了，
而且能感觉到生活变简单，变得更快乐，
不用太过劳碌奔波，
不用拥有太多负担的生活，
这样不就足够了吗？

你不需要豪华的晚餐，
不用去高价位的餐厅吃饭，
不需要超过需求的饮食，只要过得普通与简单，
不等于你是个没吃穿的人。
只要有得吃，营养充足，
这样你的生活就很有品质了。

当你因为抛开了不必要的事情，
而拥有更多的空闲时间，
就连过多的工作量、过多的饮食、
过多的思考、过多的钻牛角尖、
过多的败家购物都"不再"有的时候，
也许会让你回到原点问自己：
"我的人生是不是没有价值？"
不——别让思考停留在这一点上，
因为这是好事，也是平凡生活的目标。
你需要更多的空闲时间，
为了认识自己、熟悉自己和有更多时间和自己独处，
做更多正面且有意义的事情，
给予家人、恋人更多的时间，
也还有更多可以帮助别人的机会。

别人或许不会赞同你的改变，
但你也不必拘泥于别人的想法与期待中，
请记住你没有办法
让所有人都赞赏你、满意你的选择，
但是关键在于，
你对新的选择、更简单的生活是否满意。

只要你满意，这样就可以了，
已经到了必须背离没有意义事情的时候了。

Bear

Less is more

把没有意义的琐事
抛到脑后吧！

人生很烦乱，
因为人们总是把生活搞得很烦乱，

喜欢靠近令人心烦的事情，
让自己成为烦乱的一分子。
如果你学会安静、宁静，
生活就会很简单。

少就是多

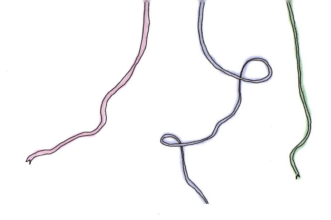

芝麻小事就让它过去吧！

放下那些不需在意的事情，
无论是内在或外在的因素，
不用主动走近那些麻烦，
但也不是说要逃避麻烦，
只是不要让自己扯进不必要的麻烦中，
而且也不要制造新的麻烦，就这样而已。
我们身边的一切麻烦，无论是大是小，
全在于你要用怎样的心态去看待。

Less is more

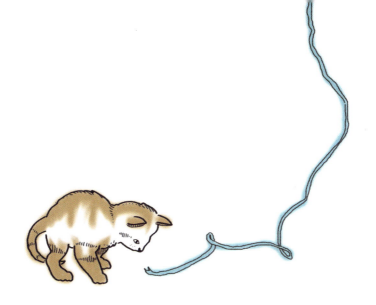

不需在意的事，就不要去在意

这世界上的一切，如果是与你有关的事情，
就表示你对这件事的影响很大，
也许它的出现不完全与你相关，
但是如果你参与在其中，就会出现重大的变数。
因此若你少说一点、多思考一些、
多做一点、多善用时间一些，
就能节省更多时间和力气，
然后尽可能不花时间在那些不需在意的事，
你的人生就会更有趣、更美好。

少就是多

放下那些没有意义的事情，
包括会消磨你的意志的事情，
不去在意总是让你气馁的人，
不去在意总是用负面眼光看你、对你不友善的人。
有时你会太重视这些人，太在意他对你的看法，
然后这些没意义的评价就落在你一个人身上，
听得越多，你就相信得越多，
最后你就把自己调整成别人说的样子。
当他说你做得不好或觉得你没用，
你会一直耿耿于怀，
一直想要如何改善自己才好，
直到最后都不能做自己。
那不如去看去听那些爱你的人、支持你的人的声音，
重视那些看见你价值的人不是更好吗？

Less is more

不要和痛苦为伍

总是痛苦的人，就会习惯让自己痛苦，
不该痛苦的事情也一并痛苦，
如果那些让你痛苦的事情，不可能解决，
那又何必浪费时间去想呢？
"请记住你的时间不多，
所以，最好是保留给值得且美丽的人事物。"

少就是多

不要再替自己找借口啦！

不用担心你如果关闭大脑、关闭心窗，
不关心一些对自己不重要的事情，
会让你跟不上社会的脉动，
不看新闻、不看电视、不认识综艺节目
其实一点关系都没有，
因为知道与不知道之间，
差别只在于有没有付出时间罢了。
每天的新闻
我们不一定都要仔仔细细地全部看过一遍，
只要看个摘要，或看总结
就可以知道这个地球发生了什么事情。
如果每天花点时间看报纸的结果，
还是等于看完新闻摘要，
那不如挑个时间直接看新闻摘要，
只是会慢一点知道讯息，
而且也不用一直追踪，
这样就能把时间花在读　本好节上面，
不用再给自己找借口说，
最近都没看书，或最近都没有时间看书。

**事实上，所有的借口，
全都是你自己制造的。**

Chapter

11

和压力说Bye Bye

快乐或痛苦全在我们的一念之间

要抛开紧张与担心的心情，
就一定要先改变自己容易紧张的个性，
因为这些负面情绪除了浪费时间之外，
还会让你觉得灰暗、有压力与不快乐。

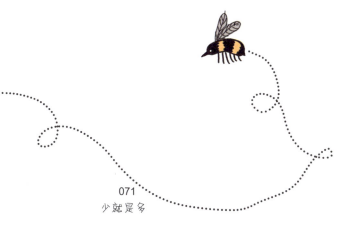

其实担心紧张的情绪之所以会出现，
是因为你对即将发生的事没有信心，
而你也觉得即将发生的事情，
一定都是坏事、不好的事、令人不开心的事，
但实际上你根本就不知道会发生什么事，
你只是提前担心罢了。
其实你是可以改变这样的心境，
以乐观的心态看待世界、观察世界的美，
以及期待好的事情发生。
只要你的心灵总是想着美好的事情，
那么简朴、不烦杂、愉快的事就会随之而来。

笑一个！没必要那么生气

当你发现明明问题就不大，
但是自己容易发脾气，
那是因为你不懂得控制情绪，
当你无法控制自己的情绪，痛苦的则是自己。
生气的时候必须静下来，什么事都不能做，
最好的办法就是认识自己，
寻找控制脾气的方法，
当你知道要如何抛开生气的情绪，
你的人生就会更轻松、更宁静。

好好记住
是快乐或痛苦全在于心

当你感到"害怕"的时候，
先找找看哪些是可以看得见的，或者看不见的，
其实大部分自己害怕的都是看不见的东西，
怕黑、怕蟑螂或老鼠、怕生命的不定数、
怕无法胜任、怕不能解决问题。
抛开这些恐惧感，因为恐惧本身没有形体，
但它却有办法影响你，
这都是因为你的心自己在想、在不敢。
你要用勇气来战胜恐惧，
你的人生就会更轻松、更宁静。

少就是多

活在当下，并把握每一刻

不要再去想过去的事情，或过去的失误，
因为没有人不曾失误、不曾跌倒或迷失，
重要的是，你要如何去面对过去发生的错误。
如果到今天你还不能忘记它，
或者把它当作一场教训，
反复让过去的画面不断地折磨自己的话，
那么，请你记住人生是要向前走的，
而且不能停下来，
所以，过去的事情就让它过去，
因为它已经发生而我们无法再去改变，
而我们也不能预知未来，
因为它还没有来到，
但是，你可以改变现在，
因为它正在你的手中。

学习和今天相处，
而且快乐地为今天而奋斗，
只有今天的生活是能影响未来的自己，
只有今天的生活才是正在你面前，
且为你而准备。

学习做自己
别只会期待或被期待

如果你总是对别人抱持着期待，
那么就只能追着对别人的期待跑，
而且是必定要完成的任务。
这样只是给自己无事添麻烦而已。

Love you.

Falling in Love.

没有期待 就没有失望

不要对别人有期待了，
也不要变成别人的期待，
请认认真真地做自己就好，
就算不特别显眼，
只要没有不必要的期待，
那就不会有人失望或伤心。

另外，还要停止对自己的期待，
人类之所以会痛苦、生活不顺心、不宁静，
造成心急误事或难过遗憾，
正是因为你抱着过高的期待。
当你抛开这些期待，那时的你就会快乐，
并且用开朗的心情过生活。

只要每个人都能成为他自己想要的样子，
那么，他就能够以他自己的方式，
散发出属于自己的美丽。

当你不抱着不必要期待，
就不会有失望，
所以，最好、最简朴、舒服、安心的生活方式，
就是缺少期待的生活。

有时候烦杂的事情，
会不知不觉就让你习惯它的存在，
所以，你要慢慢将它找出来，
然后处理掉它。

停止制造造成心灵负担的杂事，
并且抛开所有不必要的事！

My Darling.

少就是多

Chapter

13

专心在一件事情上，
直到它成功

生活很难，
是因为你想同时做很多事情，
导致最后没有一件事做得好，
也没有一件事是成功的。

别三心二意了!

如果下定决心要去完成一件事情，
首先你一定要先去投入它、研究它、了解它，
以及认真对待它。
不过，有时候也会出现，
同时会有很多事情想去完成的情况，
但是这种时候就要去考虑、
衡量当下自己是否有能力去处理那么多事情，
也许你可以同时做很多事情，
但，请你相信，
你无法尽力去做所有的事情，
也无法让所有事情都做到成功。
因为你同时做很多事情时，
代表着你没有对任何一件事投入完全的心力，
这种时候，也许你没有一件事是做得好的，
也或许没有一件事是真正成功的。

所以你需要做的是重新订立目标，
先把最重要的事专心完成做到好，
然后再做下一件事，一步一步地朝你的梦想，
或是朝成功的路上迈进，
最后，再留点时间，
好好欣赏自己辛勤获得的成功。
当你成功达成一个目标之后，
就会有其他的心力和体力，
来朝新目标前进，而且会有自信做得更好！
但，若你都没有成功做完任何事情过，
那么，也许你很快就会气馁与失去信心。

尽力去做好它，去完成它，
然后再开始新的梦想目标，
只要按部就班且专注地进行，
无论遇到任何困难，
你都可以胜任它。

少就是多

Chapter

14

谁是老大? 是你? 还是手机?

如果希望生活简单一点，
不想再遇到更多超过预期的麻烦，
那么你可以试试看偶尔远离手机，
偶尔不接手机，
以及改掉花很多时间讲手机的习惯。

现代人多数人已经沦为通讯工具的俘虏，
因为它能提供快速联络，且方便容易使用。
有时候手机真的很好用，
但有时候反而会给你制造麻烦扰乱心头，
其实这全都在一念之间：
在于是你要用它，或者是你被它用；
是你要做它的主人，
还是让它做你的主人。

将手机放一旁，
享受不被打扰的生活

你不一定要带着手机到处跑，
可以选择偶尔远离手机。
好比在某一个天气晴朗的假日中，
也许你会想专心、开心地读一本书，
或与家人相处，
与恋人沉浸在两人世界时，
但手机却每五分钟响一次，
有时候是没有什么事，
有时候只是打来嘘寒问暖，
或者有些只是打电话来跟你讨论不重要的问题，
或是带一堆麻烦来给你。
请你试着闭上眼睛，想想若没有手机的话，
就不用听一些令人烦恼的麻烦故事，
而那天一定是幸福的一天，
你能尽情地享受自己的生活，
不被打扰，不被手机掌控。
你看，这样想之后，
是不是一切问题都有它的出口，
而差别只在于你要选择哪一条路罢了！

少就是多

可以试着偶尔不接电话!

现在的通讯科技非常快速又人性化,
你可以知道是谁打电话给你,
也可以选择要不要接电话。
可以选择只接重要的人的来电,
可以选择只跟想说话的人说话。
无论是什么事,你都有权决定
要不要让自己被手机绑住。

另外,有时候事情说完了,而你也想挂掉电话,
但却不知道该怎么跟对方结束话题才好,
如果你不敢或不知道如何中断话题,
难道你真的要一直接到电话线都烧了,
也平白将时间浪费掉了吗?
从今天起告诉自己,
一定要戒掉花很多时间讲手机的习惯,
学会只讲重点,
以及如何把这些时间留给自己!

远离媒体，才不会被洗脑

信不信，每天我们花在电视前的时间，
多得可怕！
早上一起床就先打开电视，
回到家也打开电视，
透过电视传递的媒体广告，
不可置信地对我们产生极大影响，
许多公司愿意投资大笔预算给广告商，
就是因为它会有十足的宣传效果。
所以反过来问问自己，
电视是不是对你产生太多的影响，
电视在你各项抉择与生活中
是否占有重要的角色，
你已经习惯它而失去太多时间了吗？

别被花言巧语的媒体诱惑

就在不知不觉当中，
媒体渐渐对你产生了影响，
无论是决定购买的流行商品、
打扮、价值观等等，
一切都是来自媒体，
你接纳它们时毫无知觉，
也不会怀疑这是正确的选择吗？
你浪费时间在追逐流行上，
购买电视上出现的商品胜过考虑它真实的品质。

不管是电脑或电视，试着暂时离开这些媒体吧！
然后把时间还给自己，
找回更多的平静与安宁。

算一下你在电视前面花几个小时，
也许是两个小时、三个小时，
从晚间新闻、电视剧、综艺节目看到午夜，
然后还要花时间出去工作十个小时，
剩下用来独处、思考、读书、回想、规划人生，
以及与家人相处的时间还有多少？
这下子知道了吧！
媒体偷走你多少时间去浪费在不必要的事上！

Less is more

远离媒体的时候到了！

现在开始，给自己多一点空闲时间，
出去看看星星，出去在太阳光下散步，
出去欣赏大自然，去爬山，
去瀑布、海边、草原走走，
接收温暖阳光、看书或做什么都可以，
这时你就会发现人生中
还有许多值得去追寻的事情。
稍微远离那些影像、声音吧！
偶尔做一些需要用到体力与脑力的事情，
试着偶尔为别人付出一些，
相信这样人生会过得更有价值！

少就是多

Chapter

16

偶尔也要出去走走

Sun glass

也给自己一些私人的时间，
去欣赏大自然吧！
因为我们常常被困在冷气室的小方格内、
卧室内、没有庭院的房子里，
就连车子内也是方格空间，
教室、办公室也都还是方格空间……

必须要找时间
让自己出去见见广阔的天空，
广大的世界还有许多美丽的事物在等待着你，
只差你打开门走出去欣赏它，
所以别老是把自己关在陈年的习惯中！

为自己找出更多的空闲时间，
给自己更多的时间，
以积极的态度过生活，
从曾经局限住你的框框中获得自由吧！

Less is More

Chapter 17

聆听自己内心的声音

无论发生什么事情，
别忘了聆听自己的声音！
聆听自己的声音，
不是要你把耳朵闭起来不听别人的声音，
只听自己内心的需求；
不是做阻碍别人的事情，
然后只坚信自己做的都是对的，
而是去认识自己内在的声音，
并学会宁静地与自己相处。

不必总是照着别人的期待去做，
试着相信自己，照自己的想法去做吧！

Chapter

18

拥有清楚的目标
并且时常确认它

如果没有目标，
就不会知道究竟该往哪个方向走，
所以无论做什么事，
都要有清楚的目标，
并且专注地做、时时保持冲劲，
尽百分之百的能力去完成它。

当你有目标之后，
还要时时确认你的目标，
当你忘记目标的时候，
或者遇到会让你忘记曾经重视目标的变数时，
那么，这代表你开始游移不定，
并且迷失了原本的目标。

有些事情你不希望重复很多次，
因为会让人觉得反感，
但是，生活中的目标
却是你应该要常常确认的事，
这会使你的人生更清晰，
以及不会感到迷惘，脱离轨迹。

少就是多

善用属于自己的二十四小时

善用时间，
不是说你要一直背负沉重的工作，
不眠不休的意思，
而是你必须要把自己的每一分钟、每一小时，
过得有价值与有意义，
试着提高工作的品质，
缩减工作时间，
然后留一点时间过属于自己的生活！

生活是用来过的，
所以请小心注意，
当你忘了如何过生活，
那么生活会反过来操控你，
它会把你当成机器一样，
直到你忘记自己曾经是有血液、
有心灵的人类！

善用你的二十四个小时，
多用些时间研究认识内在的自己，然后重视它！
别让物质的价值多过精神的价值，
多一点睡眠，充足的休息，工作有效率，
把时间用在有意义的事情上，
让生活发光发热。

少就是多

Chapter

20

学会说"不"！

有时候你必须说"不"，
即使别人说"是"，
因为，这是带领你前往目标的明确之路，
也因为，人生总有取舍，
你要学会判断，什么才是正确的选择！

是的，你并非要成为时时满足别人的人，
因为你是自己的主人，
而且有权力选择过自己的生活！

所以你要向大目标迈进，
抛开那些使你退缩、放弃、远离你所订立目标的事物。

Less is More

若你需要给家庭更多的时间，
那么你就需要学会，
如何拒绝上班时间不固定的工作、
晚上不必要的聚会，
与许多人见面和过多的工作量。
如果你的目标是幸福，
那么幸福就会无所不在，
时时地出现在你踏出的每一个步伐之中。

即使你想做很多事情，
即使你不想拒绝别人，
但是这样的状况
如果影响到你的人生目标的话，
有时候你必须去选择说"不"，
学会拒绝不必要的事，和不重要的聚会，
这是为了让自己有更多的时间。

少就是多

人生需要不断学习新事物

不要再重复做同样的事情，
试着去做一些不一样的事！
现在开始，选择去做
让生活变得更丰富、轻松的事！

不要再重复同样的事情了，
生活需要新的刺激，
人生必须学习新的事物，为生活增添色彩，
如同先前不断提到的，
不要让人生变成自动化的机器，
一切没有改变。

改变行为去做一些新的事情，
别再重复同样的动作，
踏出门去旅行，随着命运的节奏起伏，
这会让你的人生更快乐更有味道。

少就是多

Chapter

22

凡事刚刚好就好

做什么都不要太过，
不会太少，不要太多，
这样就会很快乐。

当你做了太多，
你的生活会很紧绷、
有压力与不开心。

当你过得太松散，
你的人生会变成拖拖拉拉，
空虚得好像什么都没有。

要学会懂得规划时间，
重视自己、家人以及去过平凡的生活，
因为平凡的生活，
就是停止追求物质、权力、人气……
这些既触摸不到，
也没有形体的东西。

少就是多

Chapter

23

Necklace.

减少参与社交活动的次数

参与社交活动是一件好事，
因为可以增加认识别人的机会，
促进人际关系，
有时候还可以调理人与人的利益关系。

但是参加太多社交活动和朋友聚会的话，
会让人忘了保留私人时间，
造成生活上没有自己的时间，
这也不是好事。
如果你不为自己找私人的空闲时间，
不让自己的心有机会宁静一下，
你的人生就只会不断地遇到烦乱的事情。
想帮助、成就别人虽然好，
但前提是你要记得先完善自己才行。

在给别人、社会和其他事物时间之前，
你要先确定，
你给自己的时间已经够了，
给家庭的时间也够了，
另外也给你爱的人与爱你的人有足够的时间了！

少就是多

Chapter

24

抛开生活中用不着的负担

自己没有在用的东西,
如果对别人而言是有用的,
那不如就把它交给有需要的人吧!

抛开收集、收纳或是那些让你念旧,
但是却没有在用的东西。
别让家里更乱了,
开始学着放开一些事物吧!

让生活变简单的第一件事就是，
别再收集旧的东西了，
然后将对你没有用的东西扔掉，
或是送给会用得到它的人吧！
这样，它才能继续发挥其价值。

当你放开了心胸，不坚守外在的物质，
只拥有真的会用到的东西，
留下必须不可缺少的东西，
然后将那些多余的东西捐给别人时，
这样你的生活就会轻松简单很多。

用不到、没有再碰的东西，
这一刻起，就别再可惜它了！
把一切都抛开吧！
让生活空下来，其实简简单单真的比较好！

用不到的东西，就丢弃吧！

如果是不能给别人的东西，
而自己也不用的话，就丢掉吧！
请记住你来到这个世界时，是空手而来，
而你离开这个世界时，也带不走任何东西。
所以自己不再用的、根本用不到的，
但是还是可以用的东西，
就送给需要的人吧！
如果是无法再使用的东西，
就丢掉它吧！
总比留起来好，
请记住，干净的生活会比杂乱的生活好多了。

Chapter

25

负担减少了,
生活品质就会增加

减少不必要的事物,
就是增加你拥有的物品的价值;
减少不必要的费用,
就是增加了可以储存的金额;
不花费过多, 就是不浪费。
每一次减少那些不必要的东西,
相对的你也正在增加有价值的东西。

当你减少某样东西时,
相对的就会有另一样东西增加了。
每当你减轻了人生的负担,
减少了对物质的执着,
同时就会增加你生活的品质,
以及简单生活的快乐。
当你减少了某样不重要的东西,
同时你也是在为自己增加更宝贵的东西,
更棒的是, 你不用再负担沉重的事物了!

Chapter

26

今日事，今日毕

立刻动手做该做的事，
把该整理的资料整理一番。

面对大量文件的处理方法就是，
先把文件都打开来看，
然后立刻开始着手去处理，
看看，什么事是必须要马上去处理的，
什么事是可以丢掉或先跳过的。

当你知道"处理"文件的方法后，
就会发现
必须要解决的事情也逐渐变少了，
担心的事减少了，
那生活就会轻松多了。

能先解决的事就立刻动手，
可以丢掉的东西就不必再背负着它，
可以请别人代劳的事情，
就不必坚持自己一个人完成。

所有事情都一次解决，
要坚决、不推三阻四地去做，
不要将今天的烦恼，留到明天！

Shoes.

Friend

Beauty

Less is more

给每个东西一个适当的位置

还有一个方法，可以减轻复杂和烦恼，
就是试着让东西有固定的位置。
保留重要的东西，
并将它放置在一个固定的位置，
当你需要用到的时候，就能方便找到它。
这时也许你会发现，
自己的生活没有纪律时容易发生问题，
一旦你建立了纪律，
你的生活就会有系统，人生就会比较轻松！

其实这个规则很简单——
就是"让一切能够物归原位"！
生活就会少一些杂乱，
生活就会多一些纪律，
生活就会更单纯一些。

不用做什么改变，
只要能够物归原位就可以了！

想一想，这东西真的有那么必要吗？

一时的冲动，
会让你长期背上不必要的负担，
如果你觉得有需求，
不妨先找找有没有其他可以替代的方式。

这一分钟，也许你会非常想要那件美丽的上衣、
漂亮的裤子，想要拥有的欲望无可抵挡，
但是，试着冷静想想，
买回家后会不会几乎没有在穿？
当下因为非常想买的关系，
买的时候又被欲望驱使，
但忽略了这衣服可能与你不搭配，
或者其实你使用的次数不符你当初支出的成本。

你一定要先确定地问自己，
真的很想要那件物品吗？
现在答案也许是"是"，
但试着让时间去证明你的需要，
通常，当过了一段时间后，
你再问问自己，还是觉得很想得到它吗？
它值得你花这个钱吗？
它不会只是买来填满你的衣柜而已？
你现有的衣物真的无法用来代替
那件美丽的上衣、漂亮的裤子了吗？

如果是，也许你该犒赏自己一下了！
但如果不是，就放弃吧！

少就是多

手工制作的东西会更有意义!

如果你让生活中的一切，都太过于方便化，
让金钱可以购买一切的习惯、想法，
侵占了你的大脑，
那你就会沦为金钱的奴隶，
而无法摆脱它的控制。

你可以试着减少购买新物品，
或减少一次买很多相同物品的习惯，
然后试着动手自己做一些事情，
例如整修旧盆栽、学着插枝、
自己洗车保养、用淘米水洗碗盘、
自己编织钥匙圈、围巾……

你要懂得在买新物品之前，
先学会自己维修，
无论是鞋底开花、上衣扣子掉了、
包包手提袋断了，
这些都是可以修的，
也比丢弃后再买新的好，
因为新买的东西除了占家里空间、
还要多花一笔钱以外，
原本的物品，你也还没做到物尽其用，
造成其他的浪费。

少就是多

不是你有钱就可以乱用电、水、油、纸……
而节省也不只是让你减少花费，
而是因为，如果我们每个人都能节省地球能源，
那就可以帮助地球回到更美的状态。

有时候节省不只是因为金钱的关系，
还关系到我们的生活品质！

有时候亲手制作礼物，
对接受者而言更具意义，
你不一定要花钱买昂贵的礼物才能表示心意，
事实上，你可以利用来自你的创造能力和巧妙心思，
为对方做最特别的礼物！

Chapter

30

不要因为"拒绝"别人而感到内疚

有时候，你必须在不找任何理由的状况下，
表达内心的感受，勇敢说"不"！

如果你真的不懂得说"不"，
无法让对方知道你真正的感受，
那么，你也许就只能一直让自己，
囚禁在别人的期待里，
而永远无法做自己……

少就是多

学会说不

你要会适时地说"不"，
特别是当你很想拒绝的时候，
就要"勇敢"说出自己真正的想法
让人知道。

你的"不"也许会让别人不满意，
但是，请你了解你无法让所有人都开心、
满意你做的一切决定，
有时候人生也会受到限制，
但是我们必须学着接受它。

如果你确定不会造成别人的困扰，
那么你就不必骗自己、出卖灵魂，
或时时刻刻想都要做到让别人满意。

Less is More

Chapter

31

别让其他人偷走你的时间

如果你对社交付出太多时间的话，
私人生活就会减少，
但是相对的，
当你给予社交的时间减少了，
就可以拥有更多的时间给自己。

给自己更多时间，
你就会发现更多的自己；
跟自己对话越多，
你就会有更多机会认识自己。

别让别人偷走你的时间，
时间可以给，但不是全部。
虽然说你需要给别人一点时间，
你需要为了融入社会而分享与付出，
但是请记住，
这样的给予不是全部。

没有必要让人生
一直呈现繁忙的样子

没有必要让人生看起来很忙碌，
平凡的生活才是真正的宁静与快乐，
从这一刻开始，停止一切的忙乱，
然后放松自己。

只要你不自己去寻找忙乱，
那么你就可以远离忙乱！

善用科技
而不是依赖科技

试着在这个年代里
做一个亲近自然的人，
但不是要你放弃科技，
而是要利用科技让生活更容易，
然后别忘了，
有很多事还是要依靠自己动手做。

这两者必须要并存的，
一是必须要能够依靠自己，
让生活简朴，接近大自然；
二则是善用科技，
要让科技帮你把生活变得更方便。

例如，你可能喜欢收集咖啡杯，
但是越收集，就越多、
越不知道要往哪里放，
要移动要搬都很困扰，
不会如原先想象的轻松。

所以或许你可以用一台数码相机，
把喜欢的杯子拍照存起来，
而实体的杯子适当地去收集，不用收藏太多，
然后把照片存放在硬盘里，
想看的时候再拿出来看，
这样就不会使生活有太多累赘。

Cupcake !!

A cup of tea.

Sleepy cat!

又或许你是个很喜欢旅行的人，
喜欢用照片记录回忆，
那么你可以把那些照片存放在光碟里，
而不是收集过多的相片本，
也不用因照顾这些洗出来的相片，
增添你生活上的忙乱，
让生活轻松点吧！

电脑是很好的小帮手，
如果你能善用它，
它可以帮你做很多事情，
它能帮助你减少生活上的忙乱。
你要懂得将一些文件、照片，存放在电脑里，
把回忆或一些珍藏品转化成不占空间的图片！

列举每个月所需的支出

过简单的生活，
就像是减少对自己的压力，
你想要停止给自己压力，
就要减轻对生活中物质上的过分需求，
那么要如何降低欲望，
而又不会造成困扰呢？

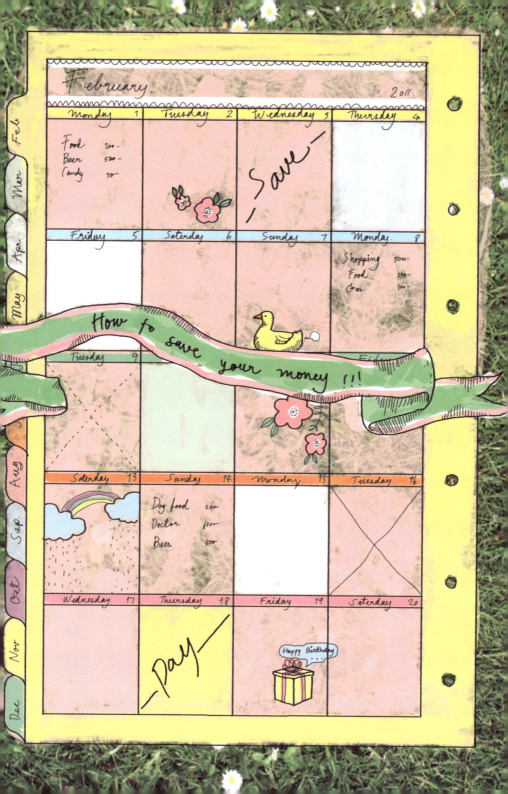

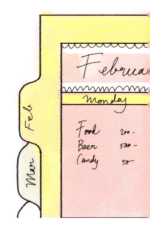

想要生活过得轻松简单，
又不造成困扰的话，
就要把每月预计的支出规划好，
因为若你能节省开销，
将拥有的东西物尽其用，
那你就会减轻一些金钱超支的负担，
然后，增加自己提升生活品质的信心。

如果改变花钱如流水的习惯，
你就不用拼命赚钱到迷失自己。
赚很多钱，变成有钱人，
也就不再会是人生的主要目标。

少就是多

有时候金钱很像上帝，
但金钱毕竟不是上帝。
有时候金钱会变得很巨大，
还让人可以大声说话，
但是有些时候，
金钱其实不具任何意义。
不如为自己寻找快乐、开心，
以及简单的生活吧！

Less is More

有债就要还，
但是当你还了债，
就别再制造债务了。
当你每次想要从别人那里借钱时，
就要试着对自己说，
是不是能够减少，
那些超过自身负担能力的需要呢？
在你每一次想要买新东西的时候，
认真地问自己是不是实际上根本就没有这需求？
如果是，那是不是可以不要再刷卡，
或不预支金钱会比较好？

节制地使用信用卡是非常重要的，
否则一张可以藏在钱包里的卡片，
将会化身成为你的灾难。
如果你还是不想带现金，
想要使用方便的塑胶卡片，
那不妨换成储蓄卡试试看，
其实储蓄卡是一个不错的选择，
至少在你每一次消费的时候，
不但可以获得如同使用信用卡般的方便，
最大的好处是，
你使用的是户头里已有的金钱，
而不是预支未来的金钱，
它不会因为你忘了还款而产生利息，
可以安心使用，
不使用的话也能让你很安心。

记住无论决定要买什么之前，
要先问问自己，
你是否已经将手上的东西物尽其用了，
你想要的新东西，是因为你真的缺少？
还是只是因为你想买？

Less is more

Chapter

34

别太固执己见，要常常动脑思考！

别坚持自己认为的事情一定是对的，
要记得在每次获得新的资讯时，
重新检视它的正确性！

生活周围的事物每一次的变化，
有些会直接对你造成影响，
但有些对你没有影响，或与你无关的事情，
就让它过去吧！

要接受一些事情改变的发生与影响，
但接受不表示一定要跟着做、跟着改变或认同它，
但是请先衡量过后，
再来决定要如何处理。

世界上的一切都是你的考验，
全在于你是否接受，
以及是否能从中获得智慧。

Less is More

找出并发挥自己的智慧与能力

其实，你还没有将你拥有的能力发挥到极致，
你今天使用的，
只是你处理目前状况需要的能力而已。

你其实只用了平常习惯的能力，
然后就以为自己只拥有这些能力，
但如果你给自己更多时间，
更多机会认识自己，
你就会知道自己有更多的优点，
内在隐藏更多的力量。

Knitting

开始发挥自己的能力吧！
别养成贪图舒服或方便的习惯，
因为其实每个人都能够更认真，
更加尽情地发挥潜能去完成一件事，
这时候我们除了可以获得正面的结果外，
还会对自己的成功感到满足，
并且产生自信、荣耀与认同自己。

Less is More

偶尔也要学会放下

不用每一件事都要知道，
或想尽办法去解决，
因为不是每件事情都需要你去了解，
尤其是与你无关的事情。

如果把所有事情都变成自己的事，
这样也许会让生活变得太沉重了，
不是要你逃离问题，
而是要你在面对问题之前，
先思考一下你要处理、面对的那件事情，
是否与你有关系？

少就是多

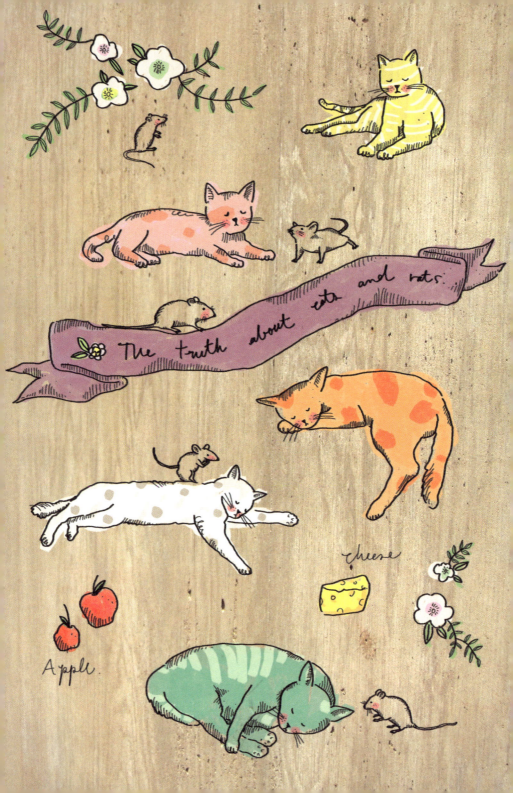

The truth about cats and rats.

cheese

Apple.

你不必在乎所有的问题，
也不必参与所有的事情，
因为那是没有必要的，
请选择自己关心的，并且与自己有关的，
选择处理能够使你的生活更好、更有活力、
有品质的这样就足够了。

如果想把一切都做好，
就别接收太多不必要的事情，
当你懂得放下不必要的事时，
就能专注在重要的事，
事情的品质亦会在进行的过程中变好！

Apple.

少就是多

生命不是Q&A，没有绝对正确的答案

人生总是会面临选择，
所以别说人生很残酷或毫无选择，
重点在于你要选择什么，
以及要选择哪一个选项罢了！

和世界一起微笑

想要快乐地生活在这个世界上，
就要和世界一起快乐、欢笑，
如果你不对世界微笑，那世界也就不会对你微笑，
如果你不觉得世界是开心、有趣的，
那么世界对你来说就是苦闷的。
转换对世界想法的最简单方式，
就是和它一同快乐，
发生问题就勇敢地挑战它、面对它，去试试看，
记住只要你尽力了，
那无论结果如何，都要试着接受它，
并且不要为此而难过，因为你已经尽全力了，
所以，再怎么做都不会有比这更好的结果了。

Chapter

38

谨慎发言，但要实话实说

有时候说话是需要有选择性的，
不重要的事，就不用多说；
如果是必要的，
就请直接说实话。

如果想拥有远离纷扰的生活，
那就别说不必要的话。

有很多时候你的伤身与伤心，
也许没有其他理由，
就只是来自于你不必要的多话。

无论要说什么话之前，
先问问自己："有说出来的必要吗？"
因为逞一时之快或斗嘴而说出的话，
造成的结果以及影响到的人，
也许会比不要说时造成的影响还多。

少说错话，问题就不多；
问题少了，人生就轻松、简单了。

如果相处得不快乐，
那就分开吧！

如果你和谁在一起会感到痛苦，
你就该远离他。
如果你和谁交往了就只会发生烦扰的事情，
不如就离开他吧！

如果想过简单、不忙乱的生活，
就要远离那些让你忙乱的事情。

少就是多

有些朋友也许是好人、个性好、
对你有许多关心与关爱，
但是你们在一起的时候总是会有争执，
或是发生一些让人觉得不舒服的事情，
有时候会无法沟通、调适或改善，
那能做的唯一选择就是，远离他。

停止来往、靠近，不再亲近，
有时候反而会比较好，
因为至少不会对彼此的关系造成过多摩擦，
把距离拉远一点，
然后保留美好的记忆，
总比每天都靠得很近，
却天天都吵架来得好。

Chapter

40

无论事情变与不变，都要接受它

这世界唯一不变的，
就是不停地改变，
无论是外在的改变，
或者是内在的改变。

有件事你必须要知道和接受，
那就是接受改变，不只是自己，
还有社会、地球与周围的人们。

所有的规则都会有例外，
改变，是一定会发生的事情，
而且每天都会遇得到，
但，也有些事情是无法改变的。

I belive I can't fly.

如果遇到无法改变的事情时，
就别坚决地想改变它，
只要你试着接受它，
人生就不会烦乱，心也不会烦乱。

Less is more

Chapter

41

当自己人生的主人

让生活过得像生活，
要明白规划的重要性，
懂得规划时间，适当地过生活。
任何事都不宜过多，
因为过多会出现反效果，造成问题出现。
尽情善用时间，该工作的时候尽情工作，
该休息的时候尽情休息，
娱乐的时候，也要尽情地享受它。

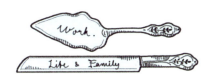

休息太多的人也会出问题，
因为生活缺乏平衡，
人生缺少安全感。
而只会找乐子娱乐生活的人，
不懂得休息，不懂得工作，
人生就显得没有价值。

工作太多的人，
问题会反应在生活周遭里，
出现家庭问题、时间规划的问题、压力问题，
这是需要被重视的问题，
因为你是过生活的人，
不是去给生活过，
你要当人生的主人，
不要让人生喧宾夺主。

少就是多

Chapter
42

简单的生活

简单的生活，
是人人都想要追求的，
但有些人却身陷于权力与欲望，
执着于物质的追求，
迷信于广告宣传，
压根儿不知道自己真正的需求是什么，
只知道放任自己被虚假的东西牵着鼻子走。

Airplane luggage tag.

简单的生活，
就是少欲、朴实、不复杂但却充满价值，
有时间给自己、家庭、恋人，
有时间保持理性与智慧思考人生，
生活的一切是经过认真思考的，
是有意义、爱心且不委屈自己的。

简单的生活就是——
在摆脱物质、权力、名誉的欲望后，
但依旧是个坚强与勇敢的人。

简单的生活就是——
乐观、富足但却平凡的生活。

151

Less is more